華ギャル 2nd.

hana

Coca-Cola

Coca-Cola
ODAIBA
Coca-Cola
ODAIBA

Coca-Cola
Coca-Cola

笑顔でいつづける事に
意味がある!!

うまっ!!

花より団子?
団子より華っしょ!!!(笑)

海より広ーっい
心で居ればHappy

ネイルにエステ、美容院もマツエクも
ギャルって人一倍する事多くて大変だけど
磨いたぶん"可愛い"を聞けちゃうから
辞めらんないんだよね♡"

強そうに見られがちだけど、こうみえてかなり弱い。

けど、そんな自分も愛してあげれば怖いものなし!!

毎日違う服着てたいの!!
へんな華のこだわり♫"笑))

ハタチだから、お酒飲めるよ
まだ味は分からない笑

CHU♡
NUXE

MAKEのコツは
“自分に合った”を極めるべし!!
練習あるのみだ 伸びしろしかない

何歳になっても、女性らしさは忘れない

20代、30代、40代…その時その時のキレイを見つけよ♡

MOËT

MOËT

CHANEL

SUMMER
VACATION

幸せオーラは伝染するよ
華の幸せ おすそわけ――優しい

泡!!!笑

華ちゃんに聞いてみたQ&A 100

Q1
好きな色
ピンク♡
勝負カラーは
赤！！

Q2
好きな映画
「ヘルタースケルター」と
「君に読む物語」
ドロドロとキュンキュンが
好きです笑

Q3
自分の好きなところ
有言実行
できちゃうとこ！
行動が早い！！
馬鹿だけど
しっかりしてる♡笑

Q4
一番よかった国は？
HAWAII かな

Q5
なんて言われたら嬉しい？
「センスいいね」
「華しか勝たん」

Q6
好きな食べ物は？
トリュフ！香りが好き
白いご飯にも
トリュフ塩かけちゃうくらい。
さつまいもは昔から大好き

Q7
好きな動物
家族全員ネコ派で
実家に1匹
ほんっとかわいーの

Q8
自分の嫌いなところ
メンタルが弱い
こう見えてガラスのハートです

Q9
どんな人が好き？
ポジティブで一緒に居て楽しい人！！
悪口より幸せ話で
盛り上がれる人がいいな

Q10
嫌いな食べ物
肉の脂、
重すぎる
スイーツ

Q11
行ってみたい所
ベネツィアとマンハッタン！
gossip girl ごっこしたい♡笑

Q12
よく聞く曲
朝から EDM 卍 www
テンション上がるのが好き！！
あとはギャルが聞きがちな懐メロ系かな

Q13
好きな自分の顔パーツ
目と眉！！くっつきそうなくらい近いの

Q14
趣味
旅行とショッピング
ダンスと茶道も昔から習ってるよん

Q15
告白された回数
星の数卍
（覚えてないだけ）

Q16
お菓子食べる？
干し芋と
ビーフジャーキーを
よく食べます」
おっさんみたいって
言われがち

Q17
好きな季節
秋 服が可愛いから
海外の夏も好き！

Q18
付き合った人数
4人

Q19
どんな性格？
明るい！他人に興味がない！
頭おかしい、存在がネタ。え

Q20
お酒はよく飲む？強い？
普通かな！
いっとき毎日飲んでたけど
太るから辞め、、、る！！笑

Q21
好きなタイプ（理想像）
穏やか、高身長、まじめ
ありすぎて書ききれないよ！笑

Q22
振られたことある？
ないとおもふ

Q23
好きなイベント
ハロウィンしか!!
パーティー大好き

Q24
特技
絵が上手いんです私
手先が器用だから
ヘアメイクなんかも

Q25
仲良い友達の特徴
サバサバしてて性格がいい！
ひがまない、相手の幸せを願える子達。
そして華のことが大好き♡笑

Q26
アウトドア？インドア？
めちゃくちゃアウトドア！！
ふっかるすぎて忙しい

Q27
仕事楽しい？
大変だけど超楽しい！
生き甲斐！！

Q28
尊敬する人
事務所の社長！怒ると怖いけど
お父さんみたいな存在です！！

レベルアップ

Q29
恋愛とは？

Q30
遊びに行くなら
絶対ユニバ。
楽しさは断然←

Q31
座右の銘
神様に
味方される
生き方を

Q32
ずっと大事にしてる物とかある？
過去の物に執着しないから
あんま物は無いかなー

Q33
最近ハマってること
筋トレ、神社参拝

Q34
人見知りとかする？
したことないかも！
基本誰とでも仲良くなれます
ギャルじゃなくても♪

Q35
大好きな人
家族、友達、
ファンの皆

Q36
いつも何考えてる？
今日食べるご飯のこと
ストレス発散

Q37
どうやって有名になった？
インスタだけ
華の成長日記だと思ってる

Q38
口癖
おかなすいたー、
それな、あーね、
華ちゃん眠い、
なになら？

Q39
好きな教科は？
美術しかないよね。
学年一位だぜ？

Q40
カラオケ！歌いまくる

Q41
学生時代の思い出
美容学校だったから同級生みんなギャルで毎日馬鹿騒ぎしてたのが楽しかったなーまた学生したいｗ

Q42
暇な時なにする？
友達に連絡しまくる。
あそぼー！って笑

Q43
ギャルとは
個性！自分を貫いてて
キラキラ輝いてる子！

Q44
モデルになったきっかけ
最初は雑誌のスカウトから！
頑張るステージを見つけてやりがいを感じ出した

Q45
どこに住んでる？
出身新潟、育ち大阪、
東京なう！！

Q46
大事にしてること
成長し続ける事、
現状満足しない。

Q47
いつも持ち歩く物
ケータイ、財布、鍵、香水、
いやぽっつ

Q48
何歌う？
くーちゃん
しゅき

Q49
人気でいつづける為に必要だと思う事
感謝を忘れない！
謙虚な気持ち。

Q50
病む事ある？
凹む事はあるけど引きずらない！
1日で立ち直る！てかそうする！
病むレベルじゃないって気づくよね笑

Q51
1日の睡眠時間
10時間 www
（お昼寝
入れたら半日）

Q52
デートするなら
ディズニーシー！！
一緒に耳つけたい！！

Q53
香水なに使ってる？
ガブリエルシャネル。
三年くらいずっとこれ

華んご。

Q54
誰にも負けない所
負けず嫌いだから何も負けてない卍
＃マジまんじ

Q55
もし生まれ変わるなら？

Q56
よく登場するママについて　どんな人？
天然、ほわっほわ（真逆 w）
よく友達にママ美人って言われるのが嬉しいからずっと綺麗で居てほしい

Q57
なにフェチ？
匂い、首

Q58
最近ハマってること
筋トレ、神社参拝

Q59
一目惚れしたことある？
見た目で選んだことないはけど直感でビビッときたことはある！！
それってどーなん？笑

Q60
弟と仲良い？
昔はよく喧嘩したけど
今は大好き！！
よく一緒にカフェするの
頭いいから色々教えてくれる
先生だよ」どっちが歳上か
分からん w

Q61
モットーは
誰よりもケバく
わら

Q62
嫌な事されたらどうする？
無視。が一番の仕返し
かまってる時間が無駄

Q63
ママに一言
産んでくれて有難う
早く幸せにしてみせるっ！！！

Q64
友達と喧嘩になったら
親友なら仲直りするまで話し合う！
離れていったらその程度

Q65
束縛とかする？されるのは？
お互い可愛い嫉妬なら許せるけど
縛る権利もないからしないしされるのもヤダ

Q66
浮気されたら？
秒で別れる！
惨めになりたくない　笑
そんな男と付き合ってた
自分に反省ぴえん

Q67
理想のプロポーズ
お城でバラと指輪もって
ひざまずく所から ((ベタ

Q68
10代でやり残した事
全部やりきって早く大人になりたかったから特に無し！！

Q69
人の彼氏を好きになったらどうする？
彼女もちの男に興味無し
不倫とか論外

Q70
二十歳になって変わったこと
怒らなくなった！笑
昔はうるさかったなーと w
疲れるよね

Q71
大人の女性とは
衣食住が整っている

Q72
体重
40（ベスト）～43（ピーク）

Q73
何型？
B型、だよなって思った？
埋めるよ？

Q74
何座？
さそり座の女。悪そ

Q75
自慢出来るところ
虫歯になったことがない

Q76
干支
うさぎしゃんなのだ

Q77
好きな髪色
昔は前頭ブリーチでミルクティー系が好きだったけど今は根本グラデーションのヘルシーな明るさが好き！

Q78
今欲しいもの
地位と名誉。 爆笑

Q79
今の SNS 社会をどう思う？
ファンの子と交流できる場だから楽しいし好き。
良くも悪くも、使い方次第！
フェイクが多いけど私はリアルを発信し続けたいな。

Q81
メイクのこだわり
目元キラキラ、
リップぷるぷる
ハイライトきらーん、
眉毛しゃきーん
鼻筋ぎゅーん！！
((語彙力

Q82
カッコいいと思う人
頑張ってる人。
１０代の頃は頑張ってないが
イケてるだと思ってたけど
違うことに気づいた！

Q80
体型維持で意識してること
姿勢。骨の歪みが太る原因だと
最近発覚してから凄い意識してる！！
あとは運動は良いけど食事９割だから
食事制限×　食事管理◯

Q84
なんて言われたら
嬉しい？
「センスいいね」
「華しか勝たん」

Q85
結婚するなら何歳？
30 までには！
若いうちにウエディング
着たい！ 大丈夫かな w

Q83
モチベーションの源
ファンレターとかまじ元気でるなー、
あとはやっぱレベル高い仕事入った
時とかっしゃやるぞー！ってなる

Q86
ギャルになった
キッカケ
小さい頃からママの影響で派手好きだったから
なにか目指した訳でもなく気付いたら
ギャルって言われてた感じ

Q88
付き合うなら
歳上？歳下？
ぜっっったい歳上！！
１つ下の弟がいるから
それより下だと可愛いーって
なっちゃって男として見れん

Q87
毎日すること
インスタ更新。
一日アップしないと
死んだと思われるから w

Q89
子供は何人欲しい？
男の子と女の子、２人！

Q90
自分を動物に例えると？
よく家出する猫。笑

Q91
願いが一つ叶うなら、
何を願う？
＃世界平和

Q93
タイムスリップ
できるなら何したい？
赤ちゃんの頃に戻って
ママのおっぱい
吸ってみたい、え

Q92
肌は焼いてるの？
地黒なんです！！ビックリよね
ヘルシーに見えるし健康的だから
気に入ってる♪

Q94
小さい頃
どんな子だった？
生粋の陽キャ。www
ハイジに憧れてました。

Q95
将来の夢
レッツ親孝行
ママにマンション買ってあげたい。
死ぬまで困らない生活させたげたい。

Q96
コレが無きゃ
生きていけない！
ってものは？
まま！！
綾しか勝たん！！
((本名 w

Q97
今年の目標は？
応援してくれてる皆んなに恩返し

Q98
前回のスタイルブック
どうでしたか？
好評でなによりです
なんせ満足してなかったから
2nd 出せて嬉しいです！！

Q100
最後、
ファンに一言！
わがまま言います。
「一生推して！！」
爆笑

Q99
今回の見どころは
製作費３桁超えなんで１人３冊買いマストで。嘘 w
夏らしいポップな作品になってます
素の華を好きになってもらいたく、SNS では見られない
自然体な写真が多いところがポイント！！

最後まで読んで下さり有り難うございます✧

前回の華ギャルは大好評につき完売&重版し、

それに引き続き第二弾まで出させて頂けるなんて光栄すぎます

喜こんでもらえる一冊になってるかと思います!!!

この本がずーっと皆んなの手元に残ると幸せです♡"

いつも沢山の愛をありがとう。 華

Photographer : Keita Sawa
Assistant : Takeyoshi Maruyama
Hair&Make up : Shinichiro (IKEDAYA TOKYO)
Stylist : MAI
Interior stylist : Yuta Ashidagawa
Director : Shuta Shiraki
Assistant : Torataro Sugisaki
Producer : Jin Nihei
Production : CrazyBank.co.,ltd

TRANSWORLD JAPAN
Designer : Yusuke Yamane
Sales : Hiromitsu saitoh,Seiya Harada

〈衣装協力〉
EGOIST : 03-5772-6511
dazzy : 03-5422-9900
TSUKI BOUTIQUE : 06-6147-7484

2020年8月23日 初版第1刷発行

発行者 佐野 裕
発行所 トランスワールドジャパン株式会社
〒150-0001 東京都渋谷区神宮前 6-25-8 神宮前コーポラス
Tel : 03-5778-8599 Fax : 03-5778-8590

印刷・製本 株式会社グラフィック